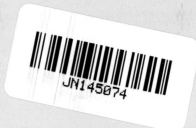

Dear Dolphin

ディア　ドルフィン――イルカと出会う日

高縄奈々
Nana Takanawa

Sphere Books

まっすぐこちらへとやってくるイルカたちの姿に胸が高鳴るとき

浅瀬に舞うタカベの群れ

Encounter

音をたてないよう、そっと海へ滑りこむ。
目映くきらめくタカベの群れに目を奪われているうちに、
数頭の影に囲まれていた。
カメラをかまえた私のまわりを、
からかうように泳ぎまわるイルカたち。
息をとめていることを忘れるほどに、幸せなひととき。

Dolphin Voice

海中に響きわたるにぎやかな声。
イルカたちが話すときにこぼれでる、
銀色に輝いてたちのぼる気泡のつらなり。
ときに私に話しかけてくれている気がするけれど、
まだその意味を知ることはできない。
あとどれくらいともにすごしたら、
メッセージを受け取ることができるだろう。

海草はイルカにとって格好の遊び道具だ

イルカは口を大きく開き歯を見せつけることで相手を威嚇する

Fission and Fusion

群れたと思えばまた分かれる、自由気ままな暮らしぶり。
ときにあらそい、ときに協調する、その変幻ぶりが
私をとまどわせ、そして惹きつける。
彼らの生のすべてを見ることはできないと知りながら、
つぎつぎに移りゆく
彼らの表情をとらえようと、精一杯ついていく。

若いオスが集団で行う擬似的な交尾行動。
メス役のイルカに他のオスが体当たりを繰り返す

エコーロケーションを使い、砂の中に潜む生きものを探す

繁茂した海草に背中をすりつける。
何度も繰り返すのは、よほど気持ちがいいからか

大きな魚を捕らえたイルカの表情は
心なしか得意気に見える

尾びれに付着するエボシフジツボ。
イルカにとっては害もなければ得もないようだ

ミナミハンドウイルカの群れは離合集散型と呼ばれ、
日々群れの構成が変化する

生まれつきねじれた顎を持つ彼は、
どこにいても一目で見分けることができる

Admirable

いつも真っ先に私のところへやってくる見慣れた顔。
いたずらに行く手をさえぎり、
ほかのイルカと戯れることを許してくれない。
生まれ持った個性的な表情は、
出会ったすべての人の記憶に刻まれる。
今日も会えた、それだけで心を満たしてくれる特別な存在。

Ocean Cradle

生まれたばかりの無垢な命。
母に見守られ、海というゆりかごの中で育まれていく。
やがて芽生える好奇心は知性を支え、
次の命を生み育てるための礎となる。
母から子へと伝えられる海の果てしない物語。

子イルカは母親の背びれ付近につくられる
水流に乗って楽に泳ぐことができる

母親の胎内にいた名残りとして、生後間もない子イルカの体には
「胎児しわ」と呼ばれるしわが見られる

Friendship

内緒話をするかのように寄り添うイルカたち。
ひれで優しくふれあうのは、
たがいの気持ちを確かめあっているのか。
そろった仕草、同調した息づかいのひとつひとつから、
私が入りこむ余地のない絆の強さがうかがえる。
彼らの友情に嫉妬さえ覚えながら、
私はそっとシャッターを切る。

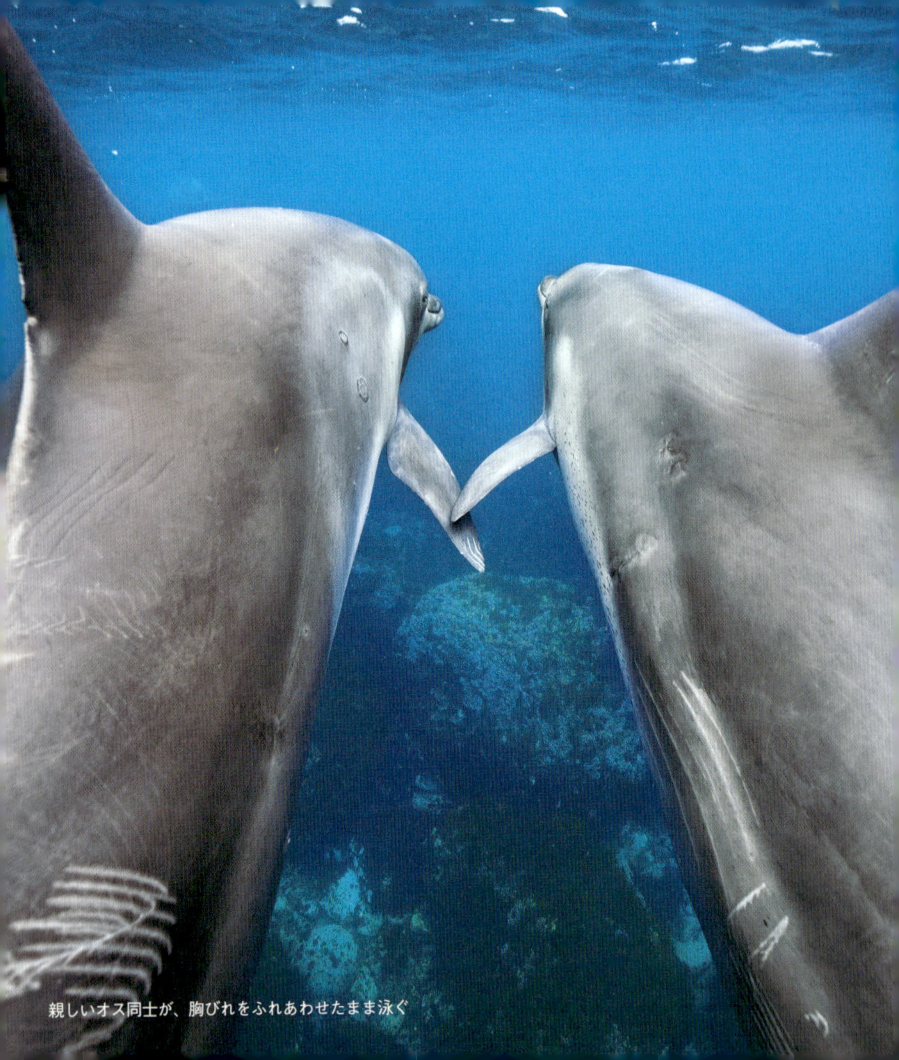

親しいオス同士が、胸びれをふれあわせたまま泳ぐ

Eye to Eye

目が合った瞬間の心のざわめきに、
いまも慣れることはない。
何を思いこちらを見つめているのか。
その目に、私の姿はどう映っているのか。
いつの日か通じ合えるかもしれないという
かすかな期待を胸に隠す。
まるで片思いをしているかのように。

Into the Light

泳ぎ去ろうとするイルカたちの姿が
光の中に溶けこんでいく。
私は泳ぐのをやめて、後ろ姿を見送るだけ。
波間に聞こえる声も、しだいに遠ざかる。
もしも会話ができるなら、聞きたいことはただひとつ。
明日も会いに来ていいですか。

あとがき

私が野生のイルカと出会ってから15年の月日が経った。
はじめは、ひと夏かぎりの経験にしようと、軽い気持ちで参加した御蔵島でのイルカ調査だったが、青く透き通る海とそこで暮らすイルカたち、圧倒的な自然にみるみるうちに心を奪われ、気がつけば御蔵島の島民となっていた。イルカと泳ぐことが日常となり、まさにイルカひと色の日々だった。

私にとってイルカの写真は、作品であると同時に、家族写真のようなものでもある。はじめて御蔵島を訪れたころに生まれた子イルカが成長し母親となったときの写真や、年老いていつしか姿を消し、もう会えることはないであろうイルカの写真は、たとえ作品にはならなくとも私の大切な宝物だ。

私はすでに人生の半分近くを野生のイルカとすごすことに費やしてきた。
しかし、彼らの一生をとらえるにはまだあまりにも短い。

私はこれからも、イルカたちが許してくれる限り、ともにすごし、その姿を撮り続けていきたい。

2017年4月

高縄奈々

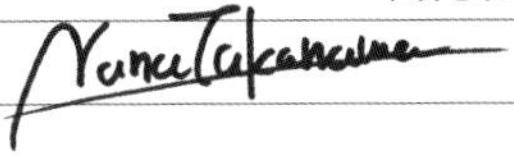

高縄奈々 たかなわ なな

1982年生まれ。愛知県出身。

幼少期からの夢はイルカのトレーナーだったが、2002年に御蔵島ではじめて野生のミナミハンドウイルカを見てから、その魅力にはまり御蔵島へ移住。イルカの生態調査ボランティアやドルフィンスイムのガイドをするかたわら、独学でイルカの水中撮影をはじめる。その後、利島に移住しそこでも野生のイルカの水中撮影を継続。現在は愛知県を拠点として、日本のイルカ・クジラや離島の風景を撮影し、各種メディアや研究者などに映像を提供している。

http://www.aduncus.com

Dear Dolphin

ディア ドルフィン——イルカと出会う日

2017年5月10日　第1刷発行

著者 ——— 高縄奈々
デザイン —— 椎名麻美
発行人 ——— 水口博也
発行所 ——— シータス
〒225-0011 横浜市青葉区あざみ野4-4-13-105
電話 (045) 904-5884
http://www.spherebooks.com

発売 ——— 丸善出版株式会社
〒101-0051　東京都千代田区神田神保町2-17
電話 (03) 3512-3256
http://pub.maruzen.co.jp/

印刷・製本 —シナノ印刷株式会社

ISBN978-4-9902925-8-4
Printed in Japan